Tilman Schmidt-Lademann

Volatile Organic Compounds (VOCs) bei Pappelhybriden

AF144341

Tilman Schmidt-Lademann

Volatile Organic Compounds (VOCs) bei Pappelhybriden

Eine Untersuchung an der Wirtschaftshybride für Kurzumtriebsplantagen Populus nigra x maximowiczii

Reihe Realwissenschaften

Impressum / Imprint

Bibliografische Information der Deutschen Nationalbibliothek: Die Deutsche Nationalbibliothek verzeichnet diese Publikation in der Deutschen Nationalbibliografie; detaillierte bibliografische Daten sind im Internet über http://dnb.d-nb.de abrufbar.

Alle in diesem Buch genannten Marken und Produktnamen unterliegen warenzeichen-, marken- oder patentrechtlichem Schutz bzw. sind Warenzeichen oder eingetragene Warenzeichen der jeweiligen Inhaber. Die Wiedergabe von Marken, Produktnamen, Gebrauchsnamen, Handelsnamen, Warenbezeichnungen u.s.w. in diesem Werk berechtigt auch ohne besondere Kennzeichnung nicht zu der Annahme, dass solche Namen im Sinne der Warenzeichen- und Markenschutzgesetzgebung als frei zu betrachten wären und daher von jedermann benutzt werden dürften.

Bibliographic information published by the Deutsche Nationalbibliothek: The Deutsche Nationalbibliothek lists this publication in the Deutsche Nationalbibliografie; detailed bibliographic data are available in the Internet at http://dnb.d-nb.de.

Any brand names and product names mentioned in this book are subject to trademark, brand or patent protection and are trademarks or registered trademarks of their respective holders. The use of brand names, product names, common names, trade names, product descriptions etc. even without a particular marking in this works is in no way to be construed to mean that such names may be regarded as unrestricted in respect of trademark and brand protection legislation and could thus be used by anyone.

Coverbild / Cover image: www.ingimage.com

Verlag / Publisher:
AV Akademikerverlag
ist ein Imprint der / is a trademark of
OmniScriptum GmbH & Co. KG
Heinrich-Böcking-Str. 6-8, 66121 Saarbrücken, Deutschland / Germany
Email: info@akademikerverlag.de

Herstellung: siehe letzte Seite /
Printed at: see last page
ISBN: 978-3-639-49373-3

Inhalt:

Tabellen:

Abbildungen:

2

ABSTRACT

Mass populations of *Chrysomela populi* beetles may cause severe damage on poplar and willow leafs. The reaction of plants according to biotic and abiotic stress is to emit particular blends of volatile organic compounds (VOCs). In this examination the reaction of poplar hybrid *Populus nigra* x *maximowiczii* and willow hybrid *Salix (viminalis x schwerinii) x viminalis* leafs to the infestation of *C. populi* was investigated. Induced by the damage of *C. populi* beetles in the area, the plants emitted high amounts of monoterpenes ((E)-β-ocimene in particular). Under controlled conditions higher amounts of monoterpenes could also be measured after the plants were treated with methyl jasmonate and jasmonic acid 24 h before. Besides, high amounts of sesquiterpenes could be measured, especially β-caryophyllene. Also, a significant decrease of VOCs could be identified due to the process of leaf aging. The data gained from the samples taken in the area showed a high variance in contrast to the data gained from the measures under approximately controlled conditions in the climate chamber. Therefore, the gained results of this examination do not only give another testimony to the VOCs (especially monoterpenes) inducing effects of herbivore damage in plants, it also shows that statistically much more convincing results can be gained by samples made under roughly controlled conditions, rather than in the area where plants are usually exposed to a high and partly not easily detectable variety of further stress conditions.

Einleitung

Pflanzen geben so genannte VOCs (volatile organic compounds) als Reaktion auf biotischen und abiotischen Stress ab (Vickers *et al.* 2009). Besonders durch den Fraß von Herbivoren an Blättern wird eine ganze Reihe von VOCs induziert, durch welche Herbivoren sowohl angelockt als auch abgewehrt werden können (Visser 1986; Dicke *et al.* 2003). Wesentliche Hauptbestandteile der VOCs sind Monoterpene und Sesquiterpene (Kesseler & Baldwin 2001), darunter azyklische Isoprenoide wie (E)-β-Ocimen, (E)-β-Farnesen und Linalool, welche durch Herbivorenfraß induziert werden (Röse *et al.* 1996, Brilli *et al.* 2009).

Pappel- und Weidenhybride sind für Kurzumtriebsplantagen wirtschaftlich von großer Bedeutung. Besonders Pappeln emittieren große Mengen von Volatilen, zum Beispiel Isopren, welches die Atmosphäre bedeutend beeinflusst (Sharkey *et al.* 2008, Schnitzler *et al.* 2009). Sie emittieren ebenfalls eine Reihe von Monoterpenen und Sesquiterpenen. Die Stimulatoren dieser Volatile können auch hier sowohl biotische als auch abiotische Faktoren sein. Die Muster stressinduzierter Emissionen unterscheiden sich in ihren Mischungsverhältnissen, abhängig von der emittierenden Spezies und des induzierenden Stimulanten. Zum Beispiel induzieren die Raupen von *Malacosoma disstria* eine Mischung verschiedener Mono- und Sesquiterpene (β-Ocimen, Linalool, (E)-4,8-Dimethyl-1,3,7-nonatriene (DMNT), α-Farnesen, (-)-Germacren D, β-Caryophyllen) bei Pappeln (Arimura *et al.* 2004, Blande *et al.* 2007). Rüssel- und Pappelblattkäfer induzieren hingegen nur Mono- und Homoterpenemissionen (vor allem β-Ocimen, Linalool und (DMNT)) (Blande *et al.* 2007, Brilli *et al.* 2009). Monoterpene sind u. a. Schlüsselvolatile für die Orientierung des roten Pappelblattkäfers (*Chrysomelia populi*) (Brilli *et al.* 2009). Diese Käferart ist bei Kurzumtriebsplantagen mit Pappeln (*Populus spec.*) und Weiden (*Salix spec.*) derzeit der bedeutendste Schädling. Sein Fraß führt zu Zuwachsverlusten oder sogar zum Ausfall der Pflanzen (Augustin *et al.* 2009). Brilli *et al.* (2009) konnte beim Pappelhybrid *Populus x euroamericana* einen signifikanten Anstieg der Monoterpenemissionen nach Befall von *C. populi* nachweisen. (E)-β-Ocimen machte 4 – 7 Tage nach Befall 80 % der Monoterpenemissionen aus.

Im Rahmen des Verbundsprojektes BEST des Forschungszentrums Waldökologie der Universität Göttingen wurden Kurzumtriebsplantagen mit Klonen der hybriden Pappelart *Populus nigra x maximowiczii* (MAX1-Klone) und *Salix (viminalis x schwerinii) x viminalis* (Tordis) angelegt. Ziel der folgenden Untersuchung ist die Ermittlung von VOCs dieser speziellen Hybride, hauptsächlich induziert durch *Chrysomela populi*. Die Untersuchung wurde unter kontrollierten Bedingungen durchgeführt, um möglichst viele Einflussfaktoren ausgrenzen zu können. Parallel dazu wurde eine Untersuchung der Hybride im Freiland durchgeführt. Anschließend wurden die Messergebnisse analysiert und gegenübergestellt.

Material und Methoden

Pflanzen und experimentelle Ausgangsbedingungen

Für die Versuchsreihe wurden Klone der Hybride *Populus nigra x maximowiczii* (MAX1) und *Salix (viminalis x schwerinii) x viminalis* (Tordis) verwendet. Jeweils 18 Stecklinge wurden im April 2012 in Töpfe gepflanzt (∅ = 22 cm; Höhe = 25 cm) und in der Klimakammer herangezogen. Dort wurden sie mit Tageslichtlampen (MT250/DL, Iwasaki Metal Halide for Aquariums & Nature Scrapes) bestrahlt, mit einem Tag- und Nachtrhythmus von 12 zu 12 Stunden. Ende April bis Anfang Mai fanden die ersten Probennahmen an MAX1 (Baseline 1) und Tordis statt. Im Juli wurde die zweite Probennahmen (Baseline 2) nur an den MAX1-Klonen angesetzt. Zusätzlich wurden jeweils 4 bzw. 2 Kontrollproben der Umgebungsluft genommen. Darauf folgend wurden zwei verschiedene Behandlungen an jeweils 9 MAX1-Klonen mit Methyljasmonat bzw. mit Jasmonsäure durchgeführt. Nach 24 Stunden wurden die Volatilproben genommen. Zusätzlich zu den Pflanzenproben wurden zu jeder Probenreihe wieder jeweils 2 Kontrollproben der Umgebungsluft genommen um später identische Stoffe verwerfen zu können.

Für die technische Durchführung der Probennahme wurden Kohlefilter (CLSA-Filter, Daumazan sur Arize, Frankreich), in Verbindung mit einem klassischen Closed-Loop collection system (Tholl *et al.* 2006), direkt an den Pflanzen verwendet (siehe Bild rechts).

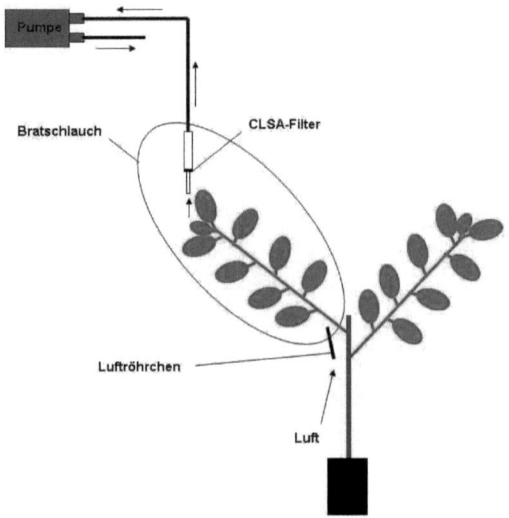

Die Pflanzen wurden jeweils auf 2 Zweige zurückgeschnitten. Jeweils der obere Zweig der Pflanze wurde 48 Stunden später in einen Bratschlauch (Toppits Brat-Schlauch Caine Cuisson) eingetütet. Mithilfe einer Miniaturpumpe (Fürgut, Aichstetten, Deutschland) wurde Luft mit einem Fluss von 0,8 l min^{-1} 2 Stunden durch den Bratschlauch zirkuliert. Die im CLSA-Filter absorbierten Volatile wurden anschließend mit 100 µl Dichlormethan/Methanol - Lösung (2:1) eluiert. Die verwendeten Lösungsmittel waren von analytischer Qualität (Suprasolv quality, Merck/VWR, Darmstadt, Germany). Nach dem Eluieren wurden die Proben in einem

Ultratiefkühlschrank bei -80°C gelagert. Die beprobten Zweige wurden abgeschnitten und die Blätter gezählt und gewogen.

Freilandflächen

Parallel zur Untersuchung unter kontrollierten Bedingungen fanden im Rahmen einer Bachelor-Arbeit Untersuchungen im Feld statt, deren Ergebnisse für die spätere Diskussion relevant sind. Die Freilandflächen sind:

Reiffenhausen im Landkreis Göttingen (325 m NN, 628mm, 9.0°C (Daten Göttingen, 1971-2000, DWD) 51°23'54,40"N 9°59'14,92"E)

und BERTA II bei Großfahner im Landkreis Gotha (316 m NN, 500mm, 7.9°C (Daten Erfurt, 1961-1990, DWD) 51° 3'29,43"N 10°51'30,28"E)

Chemikalien

Folgende verifizierte Standards, mit jeweils angegebener Reinheit, wurden von gewerblichen Anbietern käuflich erworben:

Linalool (97 %, CAS: 78-70-6, Merck, Deutschland), Methylsalicylat (99 %, CAS: 119-36-8, Sigma-Aldrich, Deutschland), β-Caryophyllen (CAS: 87-44-5, Fluka, Deutschland), Ocimen (70 % (Z)-Ocimen + 25 % Limonen, 98 %, CAS: 13877- 91-3, Fluka, Deutschland), Salicylaldehyd (99 %, CAS: 17754-90-4, Aldrich, Steinheim, Deutschland), Methyljasmonat (MEJA) (95%, CAS: 1211-29-6, Aldrich, Steinheim, Deutschland) und Jasmonsäure (JS) (100%, CAS: 77026-92-7, Sigma).

GC-MS – System und Datenauswertung

Die Analyse der Stoffzusammensetzung der eluierten Proben wurde mithilfe eines GC-MS Systems durchgeführt. Dieses besteht aus einem Gaschromatographen (im Bild: GC oven) Agilent Typ 6890 (Santa Clara, USA) verbunden mit einem Typ 5973 Quadrupol Massenspektrometer (im Bild: MS) mit

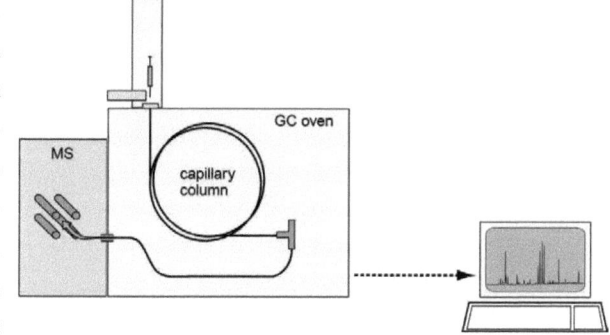

Elektronenstoß (EI, 70 eV). Um die Zusammensetzung der Extrakte zu validieren wurde eine HP-5MS Säule (im Bild: capillary column) (Agilent, 30 m, 0,25 mm ID und 0,25 µm Filmdicke, 5 % Phenylmethylsiloxan) benutzt. Ein Aliquot von 1 µl wurde in einen Injektor gegeben, der auf 250°C gehalten wird. Das Programm der Ofentemperatur sah eine Temperatur von 50°C für 1,5 min vor, welche anschließend um 7,50 °C/min bis 200°C erhöht und für 5 min so beibehalten wurde. Als Trägergas (1 ml/min) wurde Helium (Reinheit 99,99 %) verwendet. Die in der Säule aufgetrennten Stoffe wurden durch eine Kapillare (1m x 0,1mm i.d.) in das Massenspektrometer geleitet. Die Signale wurden mit der Software AMDIS (Automatic MassSpectral Deconvolution and Identification System, Version 2.66, 2008, National Institute of Standards and Technology) ausgewertet. Anschließend wurden mithilfe der GC ChemStation Software (D.02.00.275, Agilent Technologies) einzelne Peakflächen (Corrected Area) relevanter Stoffe ermittelt. Zur Identifizierung der Bestandteile wurden die Massenspektren und die GC Linear Retention Indices (van den Dool & Kratz 1963) mit verifizierten Standards und denen, die in den NIST- (National Institute of Standards and Technology 08, Gaithersburg) und Wiley 09 Datenbanken aufgeführt sind, verglichen.

Insektenfang

Um durch Insektenfraß induzierte Volatile (Herbivore Induced Volatiles) an den Versuchspflanzen erfassen zu können wurden sowohl im Juni als auch im August Pappelblattkäfer (*Chrysomelia populi*) auf einer Kurzumtriebsplantage in Reiffenhausen (19,1 km südlich von Göttingen) gesammelt. Hierzu wurden die Pflanzen auf den Flächen reihenweise mit Klopfschirmen abgearbeitet. Die Insekten wurden anschließend einzeln abgezählt. Im Juni wurden 170 und im August 240 Käfer und zusätzlich 3 Raupen vom Großen Gabelschwanz (*Cerura vinula*) für die Untersuchung in der Klimakammer gesammelt. Diese wurden zu jeweils gleicher Anzahl auf die Versuchspappeln gesetzt.

Statistische Analyse

Die statistische Analyse wurde mit der Software R, 2.13.2 (R Development Core Team, 2011) und SAS System for Windows (Version 9.00 TS Level 00M0 XP_PRO platform) durchgeführt. Es sollte statistisch untersucht werden, ob sich die Stoffmenge (Zielvariable) emittierter Blattvolatile in Abhängigkeit von der Behandlung (Faktor) unterscheidet. Dazu wurden die, in den Einzelstichproben ermittelten Stoffmengen aus der jeweiligen Faktorstufe oder Behandlungsgruppe (Kontrolle 1, Kontrolle 2, Behandlung mit Methyljasmonat und Behandlung mit Jasmonsäure) mithilfe einer ANOVA (Analysis of Variance) F-test analysiert. Dabei werden in den einzelnen Behandlungsgruppen Stoffklassenmittelwerte gebildet und die zugehörigen Varianzen berechnet. Die ANOVA-Prozedur untersucht anschließend, ob sich die Varianzen dieser Mittelwerte zwischen den einzelnen Behandlungsgruppen signifikant unterscheiden, also ob die Varianz zwischen den Gruppen größer ist als die Varianz innerhalb der Gruppen. Ist dies der Fall, so ist davon auszugehen, dass das gewählte Gruppenmerkmal, in diesem Fall die Behandlung, einen signifikanten Einfluss hat. Sowohl innerhalb, als auch zwischen den Behandlungen lassen sich so die Stoffmengen einzelner Stoffe, einzelner Stoffklassen oder die Stoffmengen aller Stoffe insgesamt miteinander vergleichen. Es wurde ein Signifikanzniveau von P-Wert $< 0{,}05$ zugrunde gelegt. Ist also die Wahrscheinlichkeit, dass beide Stichproben gleich sind kleiner als 5 % kann diese Annahme verworfen werden. Den Daten wurde eine Quasipoisson-Verteilung zugrunde gelegt.

Ergebnisse

Erste Kontrolle – Tordis

Die Volatile der beiden Hybridklone MAX1 und Tordis beinhalten überwiegend Monoterpene und Sesquiterpene. Hinzu kommen einige Alkane, Alkene, Aldehyde und Ester. Im direkten Vergleich der ersten Probenahme zwischen MAX 1 und Tordis zeigt sich ein signifikanter Unterschied in der jeweiligen Gesamtpeakfläche. Die MAX1-Klone emittierten signifikant mehr Volatile als die Tordis-Klone (Abb. 1). Im Schnitt trugen die beprobten Pappelklone der ersten Kontrolle jeweils 20 Blätter pro Zweig mit einem Gesamtgewicht von 19,92 g. Die Weidenklone hatten im Schnitt 43 Blätter pro Zweig mit einem Gesamtgewicht von 10,07 g.

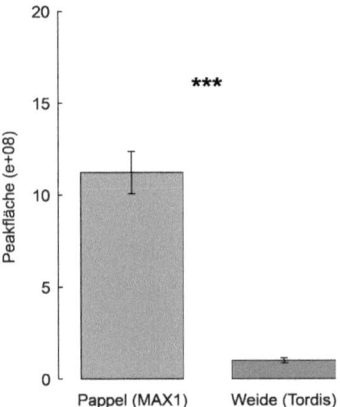

Abbildung 1: Grafischer Vergleich der gemittelten aufsummierten Stoffmengen aus den Einzelstichproben der ersten Probenahme +- der zugehörigen aufsummierten Standardfehler zwischen Pappel- (MAX1) und Weiden-Klonen (Tordis).

Im qualitativen Vergleich lässt sich feststellen, dass die gemessenen Volatile der MAX1-Klone sowohl in der Klimakammer als auch im Freiland tendenziell mehr Stoffe beinhalten als die der Tordis-Klone (Tab 1).

Tabelle 1: Qualitativer Vergleich der 4 Versuchsreihen Klimakammer (erste Probenahme), BERTA II, Reiffenhausen und Tordis (Vorhanden ●, Nicht vorhanden ○ (< 10% der Gesamtstoffmenge))

Name	Klimakammer	BERTA II	Reiffenhausen	Tordis
Alkan				
Dodecan	●	●	●	●
Tridecan	●	●	●	○

	Name	Klimakammer	BERTA II	Reiffenhausen	Tordis
	Tetradecan	●	○	●	●
	Pentadecan	●	●	●	●
Alken					
	1-Tridecen	○	○	●	○
	1-Tetradecen	○	●	●	○
Aldehyd					
	Benzaldehyd	●	●	○	●
Ester					
	(Z)-3-Hexenylacetat	○	●	●	○
	(Z)-3-Hexenylbutyrat	○	●	○	○
	Methylsalicylat	●	●	●	○
Monoterpen					
	α-Pinen	●	●	●	●
	Camphen	○	●	●	●
	β-Pinen	○	○	●	●
	α-Phellandren	○	○	●	○
	β-Myrcen	●	●	●	○
	(E,E)-2,6-Dimethyl-1,3,5,7-octatetraen	●	●	●	○
	(E)-β-Ocimen	●	○	●	●
	(Z)-β-Ocimen	●	○	●	●
	Linalooloxid	●	●	○	○
	Linalool	●	●	●	●
	Camphor	●	●	●	○
	Borneol	●	●	○	●
	α-Phellandren-8-ol	○	●	●	○
	dl-Limonen	○	●	●	○
	β-Cyclocitral	●	●	○	○
Sesquiterpen					
	Bulnesol	●	●	●	○
	α-Copaen	●	●	●	●

Name	Klimakammer	BERTA II	Reiffenhausen	Tordis
α-Cubeben	●	●	○	●
Caryophyllen	●	●	●	●
β-Elemen	●	●	○	○
α-Cedren	●	●	●	○
Isocaryophyllen	●	●	●	○
(Z,E)-α-Farnesen	○	○	●	●
Caryophyllenoxid	●	●	○	○
α-Guaien	●	●	●	○
β-Eudesmen	○	●	○	○
(E)-β-Farnesen	○	●	●	●
α-Humulen	●	●	●	●
α-Selinen	●	●	●	○
(E,E)-α-Farnesen	●	●	●	●
δ-Guaien	●	●	●	○
Δ-Cadinen	●	●	●	●
Hedycaryol	●	●	○	○
α-Patchoulen	●	○	●	○
Guaiol	●	●	●	○
β-Eudesmol	●	●	●	○

Erste Kontrolle – Freiland

Im Vergleich zwischen den Stichproben in der Klimakammer mit denen des Freilands (Reiffenhausen, Berta II) zeigt sich bei den Klimakammerdaten eine wesentlich höhere Homogenität. Die Freilanddaten dagegen weisen eine große Streuung auf (Abb. 2). In der Klimakammer wurden insgesamt 35, auf BERTA II 40, in Reiffenhausen 39 und bei der Tordis-Reihe 19 verschiedene Stoffe ermittelt. (Tab. 1).

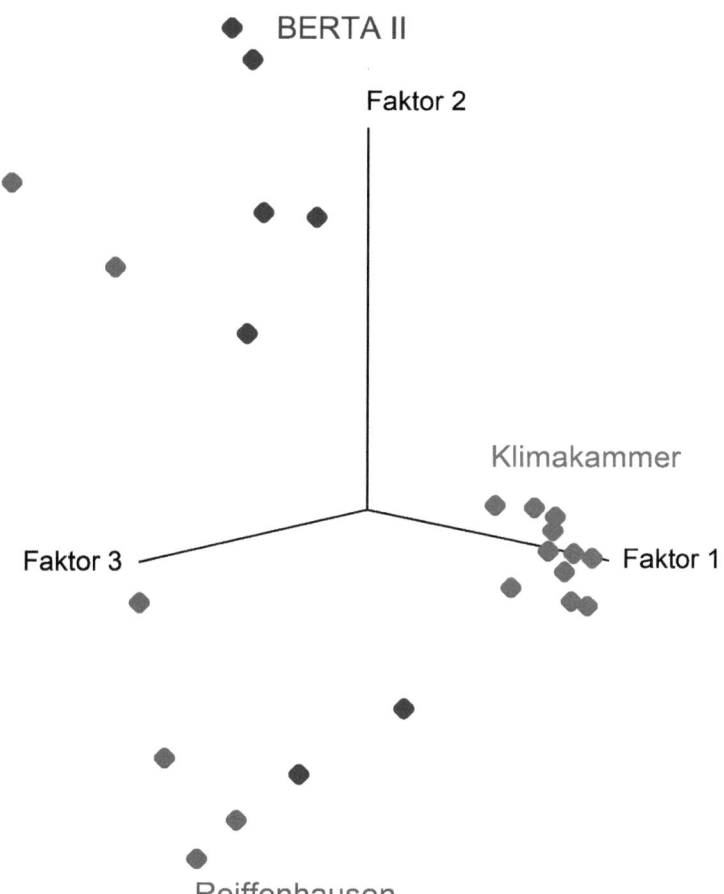

Abbildung 2: Vergleich der jeweiligen Einzelstichproben, gruppiert nach den Orten Klimakammer, Reiffenhausen und BERTA II, im 3D-Koordiantensystem. Jeder Punkt entspricht einem Einzelbaum bzw. einer Einzelstichprobe oder eines Chromatogramms in der jeweiligen Gruppe. Die Koordinaten der Punkte sind die jeweiligen Mittelwerte der drei Variablen Retentionszeit, Peakfläche (Stoffmenge) und Molekülmasse, denen auch die 3 Koordinatenachsen (Faktor 1-3) entsprechen und die aus den einzelnen Peaks des jeweiligen Chromatogramms berechnet werden. Je enger die Punkte einer Gruppe gelagert sind, desto deckungsgleicher sind die übereinander gelegten Chromatogramme der Einzelstichproben am jeweiligen Ort (siehe Abb. 4).

Im folgenden grafischen Vergleich (Abb. 3) werden die Chromatogramme der 2 verschiedenen Standorte und der Klimakammer grafisch übereinander gelegt und untereinander aufgeführt. Hier zeigt sich, dass die meisten Stoffe sowohl im Freiland als auch in der Klimakammer vorkommen, im Vergleich jedoch jeweils unterschiedliche Peakflächen aufweisen. Beispielsweise wies das Sesquiterpen Guaiol (Retentionszeit: 18,761 min) in der Klimakammer eine wesentlich höhere Stoffmenge als im Freiland.

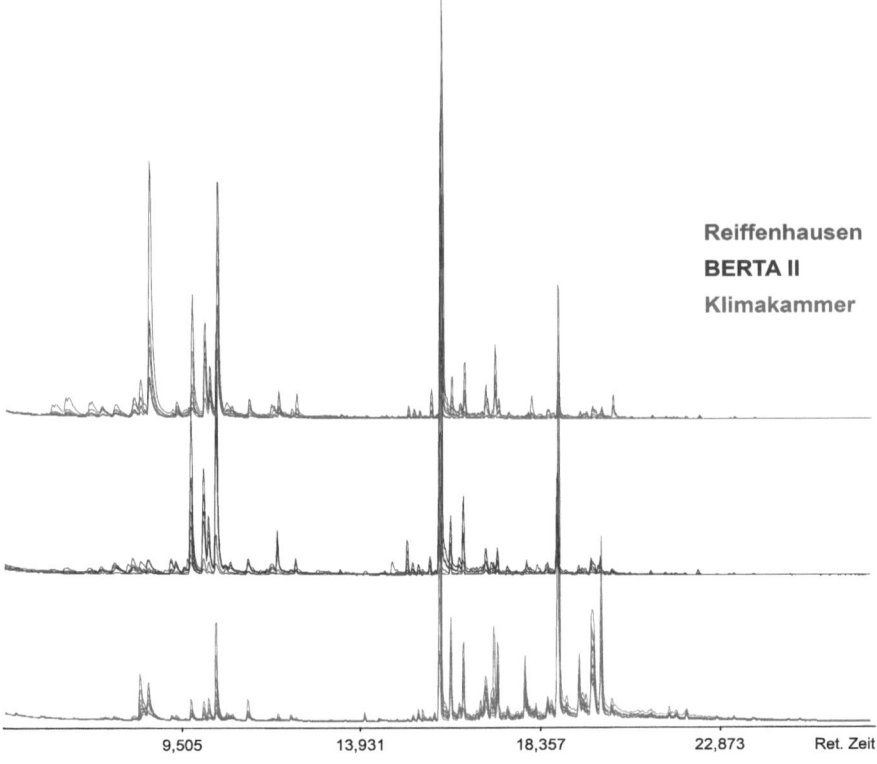

Abbildung 3: Visueller Vergleich der jeweils übereinander gelegten Chromatogramme der Freilandflächen und der Klimakammer.

Im Vergleich einzelner Stoffe zeigt sich, wie bereits erwähnt, dass Guaiol im Freiland eine geringere Stoffmenge aufweist als in der Klimakammer. Anders ist dies beispielsweise bei (*E*)-β-Ocimen. Dieses Monoterpen weist in Reiffenhausen signifikant höhere Stoffmengen auf als in der Klimakammer (Abb. 4). Zudem wurde in Reiffenhausen eine große Anzahl an Käfern und Larven gefunden (Tab. 2). Das Monoterpen (*E,E*)-2,6-Dimethyl-1,3,5,7-octatetraen (DMOT) dagegen weist auf beiden Freilandflächen eine jeweils signifikant höhere Stoffmenge auf als in der Klimakammer (Abb. 4).

14

Insektenfunde

Tabelle 2: Anzahl der gefundenen Käfer auf der jeweiligen Freilandfläche.

Art	BERTA II	Reiffenhausen
Chrysomela populi	1	3440
Chrysomela populi (Larven)	0	>5000
Crepidodera aurata	23	0
Crepidodera aurea	103	2
Crepidodera fulvicornis	137	5
Galeruca tanaceti	0	1
Luperus flavipes	52	0
Luperus longicornis	35	0
Phyllotreta atra	189	1
Phyllotreta nigripes	6	0
Zeugophora subspinosa	6	2

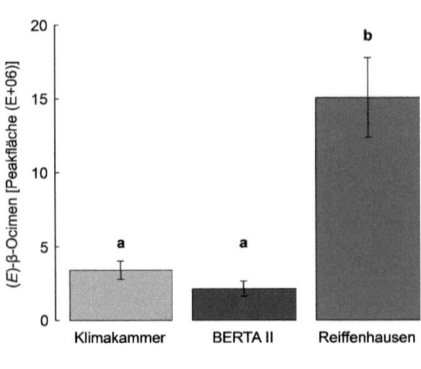

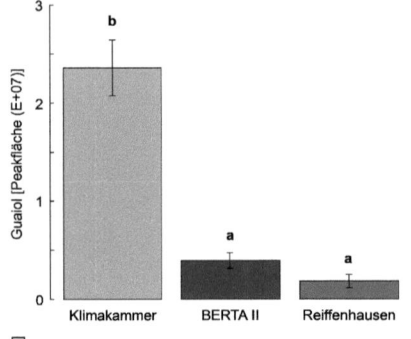

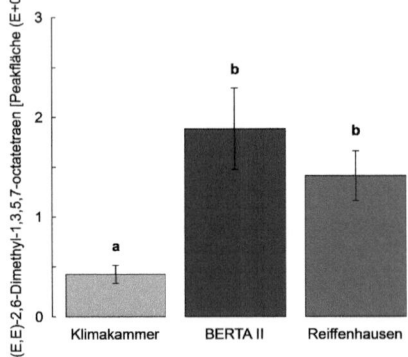

Abbildung 4: Gemittelte aufsummierte Stoffmengen von (E)-β-Ocimen, Guaiol und (E,E)-2,6-Dimethyl-1,3,5,7-octatetraen +- der zugehörigen aufsummierten Standardfehler (I) der Stichproben aus der Klimakammer und aus dem Freiland

Im Gesamtvergleich aller 3 Aufnahmeorte lassen sich bei den einzelnen Stoffen signifikante Unterschiede feststellen. Mit einem Wert von $P = 0,0878$ lässt sich bei einem Vergleich der jeweiligen Gesamtchromatogramme jedoch kein signifikanter Unterschied feststellen (Tab. 3).

Tabelle 3: Vergleich der 2 Freilandstandorte Berta(BERTA II) und RH(Reiffenhausen) und der Klimakammer BS1 (Baseline 1); DMOT: (E,E)-2,6-Dimethyl-1,3,5,7-octatetraene, Signifikanzniveau $\alpha = 0.05$

Baumart	Test	Modell	DF	F-Wert	P
Pappel	BS1-Berta-RH - (E)-β-Ocimen	glm(Area~Treat)	2,24	30.047	< **0.0001**
Pappel	BS1-Berta-RH - DMOT	glm(Area~Treat)	2,24	15.123	< **0.0001**
Pappel	BS1-Berta-RH - Guaiol	glm(Area~Treat)	2,24	43.394	< **0.0001**
Pappel	BS1-Berta-RH - Gesamt	glm(log(TIC+1)~Treat)	2,24	2.697	0.0878

Erste Kontrolle – Zweite Kontrolle

Wie bereits erwähnt, wurden in den Klimakammermessungen überwiegend Mono- und Sesquiterpene ermittelt. Bisher wurde lediglich die erste Pappel-Baseline aus der Klimakammer, mit der Tordisreihe und den Daten aus den Freilandflächen verglichen. Da aus technischen Gründen auf die Behandlung mit Insektenfraß verzichtet werden musste, wurde entschieden, eine alternative Behandlung mit Methyljasmonat und Jasmonsäure an den Pappeln durchzuführen. Da zwischen Baseline 1 und der Methyljasmonat/Jasmonsäure Behandlung eine Zeitspanne von über einem Monat liegt, musste aufgrund der fortgeschrittenen Alterung der Versuchspflanzen eine zweite Baseline mit den Pappeln in der Klimakammer unmittelbar vor der Versuchsreihe angesetzt werden. Das Ergebnis zeigt, dass im Mai sowohl bei den Mono- und Sesquiterpenen eine jeweils signifikant größere Peakfläche gemessen werden konnte als im Juli. Das Größenverhältnis zwischen den Peakflächen der beiden Stoffklassen weist kaum Unterschiede auf. Es wurde sowohl im Mai als auch im Juli eine größere Peakfläche bei den Sesquiterpenen gemessen als bei den Monoterpenen (Abb. 5). Bei der zweiten Kontrolle wurden im Schnitt 24 Blätter pro Zweig gezählt, welche ein mittleres Gesamtgewicht von 35,18 g hatten.

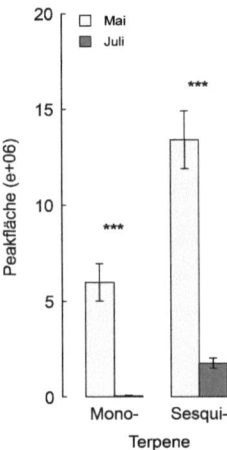

Abbildung 5: Vergleich der aufsummierten Stoffmengenmittelwerte der Mono- und Sesquiterpene +- der aufsummierten Standardfehler (I) (Tab.4) innerhalb und zwischen den beiden Kontrollbehandlungen

Statistisch lässt sich zeigen, dass in der ersten Probennahme pro Stoff überwiegend jeweils größere Peakflächen gemessen werden konnten als in der zweiten Probennahme. Demnach gaben die Pappeln im Mai beispielsweise signifikant mehr β-Caryophyllen und Guaiol ab als im Juli.

Tabelle 4: Statistischer Vergleich zwischen den gemittelten Peakflächen der jeweiligen Stoffe der ersten (BS1) und aus der zweiten Probennahme (BS2); LRI = Linear Retention Index, RetZeit = Retentionszeit, MW = Mittelwert, SF = Standardfehler, df = Freiheitsgrade, DMOT: (E,E)-2,6-Dimethyl-1,3,5,7-octatetraen, 44DiTeol = 4,4-Dimethyl-tetracyclo[6.3.2.0(2,5).0(1,8)]tridecan-9-ol, Signifikanzniveau $\alpha = 0.05$

| | | | | Peakfläche (E+06) | | | | | | |
| | | | | BS1 | | | BS2 | | | |
Stoffklasse	Stoff	LRI	RetZeit(min)	MW	± SF		MW	± SF	df	F-Wert	P
AK	α-Toluenol	1042	8,541	7,61	± 2,54	5,64	± 2,62	1,30	0,2779	0,602
Ester	Methylsalicylat	1204	11,800	1,78	± 0,30	1,04	± 0,30	1,30	3,01	0,0931
	o-Methylanisol	1011	7,905	0,00	± 0,00	0,60	± 0,20	1,30	8,14	**0,0078**
Monoterpen	β-Mycren	993	7,514	0,59	± 0,16	0,00	± 0,00	1,30	14,76	**0,0006**
	(Z)-β-Ocimen	1048	8,668	24,74	± 4,63	0,00	± 0,00	1,30	34,97	**<0,0001**
	(E)-β-Ocimen	1049	8,694	0,00	± 0,00	0,00	± 0,00	1,30	NA	NA
	1,3,8-p-Menthatrien	1081	9,350	1,83	± 0,46	0,00	± 0,00	1,29	56,955	**<0,0001**
	β-Linalool	1101	9,756	6,40	± 1,25	0,00	± 0,00	1,30	29,88	**<0,0001**

18

Stoffklasse	Stoff	LRI	RetZeit	BS1 MW ± SF	BS2 MW ± SF	df	F-Wert	P
	DMOT	1123	10,205	25,80 ± 6,23	0,00 ± 0,00	1,28	66,893	<0,0001
	Camphor	1152	10,768	0,00 ± 0,00	0,00 ± 0,00	1,30	NA	NA
	Borneol	1171	11,152	5,25 ± 1,28	0,62 ± 0,15	1,30	15,77	0,0004
	Linderol	1172	11,158	0,00 ± 0,00	0,00 ± 0,00	1,30	NA	NA
	α-Terpineol	1196	11,643	0,15 ± 0,05	0,00 ± 0,00	1,30	12,84	0,0012
	(Z)-Jasmon	1406	15,477	3,80 ± 0,77	0,00 ± 0,00	1,30	27,49	<0,0001
Sesquiterpen	α-Copaen	1359	14,642	0,54 ± 0,10	0,35 ± 0,05	1,30	3,1	0,0887
	β-Patchoulen	1392	15,225	2,16 ± 0,39	0,00 ± 0,00	1,30	34,38	<0,0001
	β-Elemen	1398	15,345	3,61 ± 0,55	0,00 ± 0,00	1,30	49,02	<0,0001
	Zingiberen	1409	15,529	0,00 ± 0,00	0,12 ± 0,07	1,30	2,46	0,1276
	trans-Caryophyllen	1417	15,650	1,68 ± 0,29	0,00 ± 0,00	1,30	37,52	<0,0001
	α-Gurjunen	1422	15,756	2,58 ± 0,42	0,00 ± 0,00	1,30	42,09	<0,0001
	Caryophyllen	1430	15,881	92,49 ± 17,13	6,22 ± 2,31	1,30	28,2	<0,0001
	α-Guaien	1446	16,151	25,54 ± 4,38	1,52 ± 0,59	1,30	33,39	<0,0001
	Isoleden	1459	16,358	7,73 ± 1,24	0,00 ± 0,00	1,30	44,14	<0,0001
	(E)-β-Farnesen	1460	16,376	0,00 ± 0,00	0,26 ± 0,05	1,30	26,32	<0,0001
	α-Humulen	1465	16,455	17,45 ± 3,02	1,22 ± 0,44	1,30	32,11	<0,0001
	Lepidozen	1469	16,535	2,23 ± 0,50	2,11 ± 1,61	1,30	0	0,9485
	α-Amorphen	1485	16,793	0,00 ± 0,00	0,00 ± 0,00	1,30	NA	NA
	(+-)-Cuparen	1489	16,865	0,00 ± 0,00	0,38 ± 0,10	1,30	12,75	0,0012
	α-Farnesen	1497	17,008	0,00 ± 0,00	0,00 ± 0,00	1,30	NA	NA
	β-Selinen	1498	17,011	15,78 ± 3,55	0,21 ± 0,12	1,30	21,88	<0,0001
	α-Selinen	1506	17,143	9,42 ± 1,30	2,45 ± 0,50	1,30	27,26	<0,0001
	(E,E)-α-Farnesen	1510	17,208	9,92 ± 2,78	0,00 ± 0,00	1,30	15,61	0,0005
	α-Bulnesen	1516	17,290	19,73 ± 3,42	1,81 ± 0,62	1,30	29,92	<0,0001
	α-Cedren	1517	17,317	0,00 ± 0,00	0,04 ± 0,04	1,30	0,88	0,356
	δ-Cadinen	1532	17,561	7,18 ± 1,40	0,84 ± 0,26	1,30	22,39	<0,0001
	Elemol	1558	17,973	8,27 ± 2,79	0,00 ± 0,00	1,30	9,98	0,0036
	Hedycaryol	1559	17,987	7,06 ± 2,14	1,27 ± 0,70	1,30	7,75	0,0093
	Caryophyllenoxid	1594	18,532	13,73 ± 2,00	6,88 ± 1,27	1,30	8,8	0,0059
	Clov-2-ene-9α-ol	1598	18,600	0,00 ± 0,00	0,00 ± 0,00	1,30	NA	NA
	Guaiol	1608	18,761	125,65 ± 21,30	14,28 ± 7,01	1,30	27,29	<0,0001

| | | | | Peakfläche (E+06) | | | | | | |
| | | | | BS1 | | BS2 | | | | |
Stoffklasse	Stoff	LRI	RetZeit	MW ± SF		MW ± SF		df	F-Wert	P
	Hinesol	1643	19,294	0,00 ± 0,00		0,00 ± 0,00		1,30	NA	NA
	Agarospirol	1644	19,301	0,00 ± 0,00		4,19 ± 1,11		1,30	12,64	**0,0013**
	44DiTeol	1650	19,397	0,00 ± 0,00		2,79 ± 0,55		1,30	22,72	**<0,0001**
	α-Eudesmol	1657	19,500	19,14 ± 5,31		0,00 ± 0,00		1,30	14,8	**0,0006**
	β-Eudesmol	1665	19,613	0,00 ± 0,00		6,48 ± 1,13		1,30	29,13	**<0,0001**
	3-Hydroxy-γ-eudesmol	1676	19,781	0,00 ± 0,00		1,45 ± 0,28		1,30	23,78	**<0,0001**
	γ-Eudesmol	1677	19,788	0,75 ± 0,41		0,00 ± 0,00		1,30	3,87	0,0585
	Bulnesol	1680	19,839	49,60 ± 8,79		6,25 ± 2,98		1,30	24,11	**<0,0001**

Zweite Kontrolle – Methyljasmonat/Jasmonsäure

Im Vergleich zur zweiten Kontrolle 2 (Baseline 2) ließ sich bei der mit Methyljasmonat behandelten Versuchsreihe bei den aufsummierten Stoffmengen der Monoterpene eine, wenn auch nicht signifikant, höhere Stoffmenge ermitteln. Die Jasmonsäurereihe weißt im Vergleich zur Kontrolle eine signifikant höhere Stoffmenge der Monoterpene auf (Abb. 6).

Die Stoffmenge der Sesquiterpene ist bei den behandelten Pflanzen dagegen kleiner als die der Kontrollpflanzen. Der Unterschied zwischen Kontrolle 2 und Jasmonsäurebehandlung tendiert zur Signifikanz (Abb. 6).

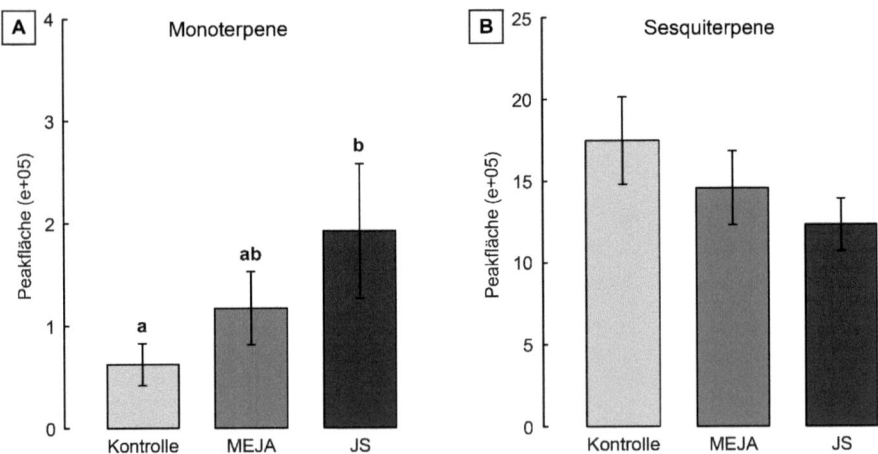

Abbildung 6: Vergleich der jeweils gemittelten aufsummierten Stoffmengen der Mono- und Sesquiterpene +- der zugehörigen, aufsummierten Standardfehler (I) (Tab.6) zwischen Kontrolle 2 und den 2 Behandlungen MEJA (Methyljasmonat) und JS (Jasmonsäure).

Vor allem die Stoffmenge der Monoterpene unterscheidet sich signifikant zwischen Kontrolle und Behandlungen. Ein statistischer Vergleich der Gesamtstoffmengen der jeweiligen Behandlung weißt dagegen keinen signifikanten Unterschied auf (Tab. 5).

Tabelle 5: Vergleichsstatistik der Behandlungen Methyljasmonat (MEJA) und Jasmonsäure (JS) und der Kontrolle BS2 (Baseline 2), Signifikanzniveau $\alpha = 0.05$

Baumart	Test	Modell	DF	F-Wert	P
Pappel	BS2-MEJA-JA	glm(log(Area+1)~Treat,subset=c(SK=="Sterp")	2,1136	1.262	0.2836
Pappel	BS2-MEJA-JA	glm(log(Area+1)~Treat,subset=c(SK=="Mterp")	2,343	3.710	**0.0255**
Pappel	BS2-MEJA-JA	glm(Area~SK,subset=SK%in%c("Sterp","Mterp")	2,1483	26.715	**< 0.0001**
Pappel	BS2-MEJA-JA	glm(log(TIC+1)~Treat)	2,25	0.687	0.5122

Im Einzelstoffvergleich (Tab. 6) tritt beispielsweise das Monoterpen Camphor erst nach Behandlung mit Methyljasmonat bzw. Jasmonsäure auf. Eine geringe Peakfläche von β-Mycren lässt sich nur in der Versuchsreihe ermitteln, bei der die Pflanzen mit Jasmonsäure behandelt wurden. Sesquiterpene wie Guaiol, Cayrophyllenoxid und Bulnesol weisen in Baseline 2 eine jeweils größere Peakfläche auf als in den Behandlungsreihen. Zingiberen und 4,4-Dimethyl-tetracyclo[6.3.2.0(2,5).0(1,8)]tridecan-9-ol tauchen zum Beispiel nur in Baseline 2 auf. Die durchschnittliche Blattanzahl pro Zweig und das Gesamtgewicht sind identisch mit den Werten der zweiten Kontrolle.

Tabelle 6: Statistischer Vergleich zwischen den gemittelten Peakflächen der jeweiligen Volatilkomponenten aus Baseline 1(BS1) und Baseline 2(BS2); LRI = Linear Retention Index, RetZeit = Retentionszeit, MW = Mittelwert, SF = Standardfehler, df = Freiheitsgrade, DMOT: (E,E)-2,6-Dimethyl-1,3,5,7-octatetraene, 44DiTeol = 4,4-Dimethyl-tetracyclo[6.3.2.0(2,5).0(1,8)]tridecan-9-ol, Signifikanzniveau $\alpha = 0.05$

| | | | | Peakfläche (E+06) | | | | | | | | |
| | | | | | BS2 | | MeJa | | Jas | | | |
Stoffklasse	Stoff	LRI	RetZeit	MW	± SF	MW	± SF	MW	± SF	df	F-value	P
AK	α-Toluenol	1042	8,541	5,64 ± 2,62		0,00 ± 0,00		0,00 ± 0,00		2	2,11	0,139
Ester	Methylsalicylat	1204	11,800	1,04 ± 0,30		0,29 ± 0,20		0,00 ± 0,00		2	3,89	**0,032**
	o-Methylanisol	1011	7,905	0,60 ± 0,20		1,10 ± 0,57		1,28 ± 1,00		2	0,53	0,595
Monoterpen	β-Mycren	993	7,514	0,00 ± 0,00		0,00 ± 0,00		0,13 ± 0,10		2	2,88	0,072
	(Z)-β-Ocimen	1048	8,668	0,00 ± 0,00		0,00 ± 0,00		0,00 ± 0,00		2	NA	NA
	(E)-β-Ocimen	1049	8,694	0,00 ± 0,00		0,00 ± 0,00		0,56 ± 0,56		2	1,62	0,214

				Peakfläche (E+06)									
				BS2			MeJa			Jas					
Stoffklasse	Stoff	LRI	RetZeit	MW	±	SF	MW	±	SF	MW	±	SF	df	F-value	P
	1,3,8-p-Menthatrien	1081	9,350	0,00	±	0,00	0,00	±	0,00	0,00	±	0,00	2	NA	NA
	β-Linalool	1101	9,756	0,00	±	0,00	0,00	±	0,00	0,00	±	0,00	2	NA	NA
	DMOT	1123	10,205	0,00	±	0,00	0,00	±	0,00	0,00	±	0,00	2	NA	NA
	Camphor	1152	10,768	0,00	±	0,00	0,48	±	0,14	0,80	±	0,35	2	7,11	**0,003**
	Borneol	1171	11,152	0,62	±	0,15	0,60	±	0,28	0,63	±	0,13	2	0	0,996
	Linderol	1172	11,158	0,00	±	0,00	0,21	±	0,09	0,00	±	0,00	2	8,54	**0,001**
	α-Terpineol	1196	11,643	0,00	±	0,00	0,00	±	0,00	0,00	±	0,00	2	NA	NA
	cis-Jasmon	1406	15,477	0,00	±	0,00	0,00	±	0,00	0,00	±	0,00	2	NA	NA
Sesquiterpen	α-Copaen	1359	14,642	0,35	±	0,05	0,64	±	0,05	0,09	±	0,05	2	16,76	**<0,0001**
	β-Patchoulen	1392	15,225	0,00	±	0,00	0,00	±	0,00	0,00	±	0,00	2	NA	NA
	β-Elemen	1398	15,345	0,00	±	0,00	0,00	±	0,00	0,00	±	0,00	2	NA	NA
	Zingiberen	1409	15,529	0,12	±	0,07	0,00	±	0,00	0,00	±	0,00	2	1,27	0,296
	trans-Caryophyllen	1417	15,650	0,00	±	0,00	0,00	±	0,00	0,00	±	0,00	2	NA	NA
	α-Gurjunen	1422	15,756	0,00	±	0,00	0,00	±	0,00	0,00	±	0,00	2	NA	NA
	β-Caryophyllen	1430	15,881	6,22	±	2,31	10,68	±	4,91	2,76	±	1,92	2	1,26	0,298
	α-Guaien	1446	16,151	1,52	±	0,59	1,78	±	0,70	1,60	±	0,88	2	0,03	0,967
	Isoleden	1459	16,358	0,00	±	0,00	0,00	±	0,00	0,00	±	0,00	2	NA	NA
	trans-β-Farnesen	1460	16,376	0,26	±	0,05	0,18	±	0,05	0,48	±	0,17	2	2,38	0,110
	α-Humulen	1465	16,455	1,22	±	0,44	1,52	±	0,71	1,51	±	0,80	2	0,09	0,911
	Lepidozen	1469	16,535	2,11	±	1,61	0,00	±	0,00	0,91	±	0,66	2	0,54	0,590
	α-Amorphen	1485	16,793	0,00	±	0,00	0,00	±	0,00	0,44	±	0,33	2	3	0,065
	(+-)-Cuparen	1489	16,865	0,38	±	0,10	0,00	±	0,00	0,00	±	0,00	2	6,59	**0,004**
	α-Farnesen	1497	17,008	0,00	±	0,00	0,00	±	0,00	2,95	±	0,87	2	18,87	**<0,0001**
	β-Selinen	1498	17,011	0,21	±	0,12	2,33	±	0,63	0,00	±	0,00	2	16,97	**<0,0001**
	α-Selinen	1506	17,143	2,45	±	0,50	0,81	±	0,37	0,92	±	0,32	2	3,76	**0,035**
	(E,E)-α-Farnesen	1510	17,208	0,00	±	0,00	0,66	±	0,45	1,65	±	0,65	2	6,44	**0,005**
	α-Bulnesen	1516	17,290	1,81	±	0,62	1,66	±	0,57	1,72	±	0,94	2	0,01	0,988
	α-Cedren	1517	17,317	0,04	±	0,04	0,00	±	0,00	0,03	±	0,03	2	0,27	0,765
	δ-Cadinen	1532	17,561	0,84	±	0,26	0,98	±	0,33	0,97	±	0,51	2	0,06	0,945
	Elemol	1558	17,973	0,00	±	0,00	0,00	±	0,00	0,06	±	0,04	2	3,61	**0,039**
	Hedycaryol	1559	17,987	1,27	±	0,70	0,00	±	0,00	0,45	±	0,33	2	1,05	0,361
	Caryophyllenoxid	1594	18,532	6,88	±	1,27	5,26	±	1,21	2,43	±	0,84	2	2,89	0,071

22

				Peakfläche (E+06)										
				BS2			MeJa			Jas				
Stoffklasse	Stoff	LRI	RetZeit	MW	±	SF	MW	±	SF	MW	±	SF	df	*F*-value	P
	Clov-2-ene-9α-ol	1598	18,600	0,00	±	0,00	0,00	±	0,00	1,62	±	0,65	2	10,02	**0,001**
	Guaiol	1608	18,761	14,28	±	7,01	9,43	±	1,78	7,34	±	2,72	2	0,33	0,725
	Hinesol	1643	19,294	0,00	±	0,00	0,00	±	0,00	0,88	±	0,47	2	5,62	**0,008**
	Agarospirol	1644	19,301	4,19	±	1,11	2,95	±	1,22	2,31	±	1,16	2	0,66	0,524
	44DiTeol	1650	19,397	2,79	±	0,55	0,00	±	0,00	0,00	±	0,00	2	11,75	**0,000**
	α-Eudesmol	1657	19,500	0,00	±	0,00	1,42	±	0,94	0,00	±	0,00	2	3,73	**0,036**
	β-Eudesmol	1665	19,613	6,48	±	1,13	5,76	±	0,97	6,55	±	0,99	2	0,11	0,895
	3-Hydroxy-γ-eudesmol	1676	19,781	1,45	±	0,28	0,00	±	0,00	1,39	±	0,28	2	7,32	**0,003**
	γ-Eudesmol	1677	19,788	0,00	±	0,00	0,00	±	0,00	0,00	±	0,00	2	NA	NA
	Bulnesol	1680	19,839	6,25	±	2,98	3,46	±	0,57	2,88	±	0,93	2	0,48	0,623

Diskussion

Abnahme der Terpenemissionen mit zunehmendem Blattalter

Junge Pappelblätter, die weder biotischem noch abiotischem Stress ausgesetzt wurden, geben eine signifikante Menge aufeinander folgender Monoterpene ab (Brilli *et al.* 2009). Brilli *et al.* (2009) ermittelten zudem bei jungen Pappelblättern eine 10x höhere Abgabe von Monoterpenen als bei ausgewachsenen Pappelblättern, bei denen stattdessen mehr Isopren emittiert wird. Die Studie konnte eine negative Korrelation zwischen Isopren und Monoterpenen nachweisen. Bei älteren Blättern wird die Abgabe von Monoterpenen also offensichtlich durch die Abgabe von Isopren ersetzt (Blehnke et al. 2009, Loivamäki et al. 2008). Brilli et al. (2009) konnten jedoch auch zeigen, dass nach Herbivorenbefall der Anteil an Isopren, bei älteren Blättern, zugunsten von Monoterpenen wieder abnimmt, da dann der Kohlenstoff zum Aufbau von Monoterpenen gebraucht wird.

Das Ergebnis dieser Untersuchung hat gezeigt, dass die Blätter der MAX1-Klone im Mai signifikant mehr Monoterpene und Sesquiterpene abgegeben haben als im Juli. Dies lässt auf einen Einfluss der Blattalterung auf die Terpenemissionen schließen.

Crankshaw & Langenheim (1981) untersuchten Volatilemissionen bei den Blättern von Hymenaea in Abhängigkeit von der Blattentwicklung. Es wurden Zweige von den Knospen bis zu den ältesten Blättern am Zweigansatz untersucht. Hierbei zeigten sich bei den Terpenen keine signifikanten Veränderungen. Hall & Langenheim (1986) konnte allerdings eine signifikante Emissionsabnahme der meisten Terpene (z.B.: Limonen, Mycren, α-Pinen und Sabinen) bei *Sequoia sempervirens* mit fortschreitendem Blattalter feststellen. Wie auch in unserer Untersuchung, wurden die Daten bei Hall & Langenheim (1986) in einem Zeitraum von mehreren Monaten ermittelt. Hall & Langenheim (1986) folgerten, dass die Art der Terpenemissionen stärker von der Jahreszeit abhängt als vom Blattalter.

Es ließ sich ebenfalls eine deutliche Abnahme der Terpenemissionen bei *Heterotheca subaxillaris* bei fortschreitendem Alter über Monate beobachten (Mihaliak & Lincoln, 1989).

Merk *et al.* (1988) ermittelten bei jungen Nadeln von *Picea abies* höhere Terpenkonzentrationen als bei ausgewachsenen Nadeln. Allerdings konnte die Studie nur bei Klonpopulationen signifikante Ergebnisse ermitteln, da aufgrund der hohen genetischen Vielfalt wilder Populationen zu große Unterschiede von Individuum zu Individuum auftraten.

Eine Abnahme der Terpenemissionen mit dem Blattalter konnte ebenfalls bei Beifuß (*Artemisia vulgaris*) nachgewiesen werden (Barney *et al.* 2005).

Herbivoren induzieren bei ihren Wirtspflanzen Volatilemissionen durch Fraßbefall
Die mechanische Verletzung der Blätter von Seiten der Herbivoren, in Verbindung mit deren Speichelsekreten, lösen bei den Wirtspflanzen die Induktion von Volatilen aus (Arimura *et al.* 2005). Zum Beispiel wurde im Sekret von *Pieris brassicae* β-Glucosidase ermittelt und als starker Auslöser von herbivoren-induzierten Blattvolatilen ausgewiesen, da es bei Kohlblättern eine Volatilmischung induziert, welche die parasitäre Wespenart *Cotesia glomerata* anlockt (Mattiacci *et al.* 1995). Im Speichel der Larven von *Spodoptera littoralis* wurde Violicitin identifiziert, welches der Auslöser einer Volatilmischung bei Maispflanzen (*Zea mays*) ist (Alborn *et al.* 1997, Shen *et al.* 2002).
Vergangene Studien zeigen, dass Herbivorenbefall Emissionen einer Vielzahl von Volatilen, insbesondere Monoterpene, Homoterpene und Sesquiterpene, induzieren (Dicke *et al.* 1990, Brilli *et al.* 2009, Blande *et al.* 2007). Boland *et al.* (1992) fanden heraus, dass mechanisch verletzte und mit α- und β-Glucosidase behandelte Limabohnenpflanzen (*Phaseolus lunatus*) das Homoterpen 4,8-Dimethyl-1,3, (*E*)7-Nonatrien emittieren.
Der Studie von Brilli *et al.* (2009) zufolge werden Emissionen von Monoterpenen bei Pappelblättern durch den Befall von *Chrysomela populi* induziert. Im Rahmen der vorliegenden Untersuchung konnte unter anderem das azyklische Monoterpen (*E*)-β-Ocimen, welches durch Herbivorenfraß induziert wird (Takabayashi *et al.* 1994), Predatoren anlockt (Dicke *et al.* 1990, Takabayashi *et al.* 1991) und auf welches die Antennen von Chysomelidae reagieren (Fernandez *et al.* 2007), in großer Menge auf der Fläche Reiffenhausen, auf welcher 3440 Käfer und über 5000 Larven von *C. populi* gefunden wurden, gemessen werden. Auf der Fläche BERTA II dagegen (lediglich ein Käfer (*C. populi*) wurde gefunden) konnten nur kleine Mengen von (*E*)-β-Ocimen Emissionen gemessen werden. Die Studien Blande *et al.* (2007), Frost *et al.* (2008) und Arimura *et al.* (2004), wiesen ebenfalls erhöhte Emissionen von (*E*)-β-Ocimen und anderen Isoprenoiden bei Pappelblättern, induziert durch den Fraß von Herbivoren, nach. Das Monoterpen (*E,E*)-2,6-Dimethyl-1,3,5,7-octatetraen (DMOT) wurde auf der Fläche BERTA II in großen Mengen gefunden. Dieses Monoterpen, auch Cosmen genannt, ist ein Bestandteil etherischer Öle und wurde bereits in den Ölen einiger Asteraceen, im Öl von *Echinophora spinosa* (Kobold *et al.* 1987) und im Öl von *Zanthoxylum alatum* Roxb. (Luong *et al.* 2003) gefunden. Bei Schneckenklee (*Medicago truncatula*) konnte DMOT nach Befall von *Spodoptera littoralis* nachgewiesen werden (Leitner *et al.* 2005).

Eine weitere ermittelte Volatilkomponente ist (*E,E*)-α-Farnesen. Dieses Sesquiterpen wird ebenfalls durch Herbivorenfraß induziert (De Moraes *et al.* 1998, Agrawal *et al.* 2002, Vuorinen *et al.* 2004), konnte auch bei befallenen Pappelklonen gefunden werden (Blande *et al.* 2007, Arimura *et al.* 2004) und lockt, wie auch der Ester Methylsalicylat, Predatoren an (Dicke *et al.* 1990, Scutareanu *et al.* 2003). Verschiedene Insektenarten können zudem bei derselben Pflanze verschiedene Volatilkomponenten induzieren. So emittiert beispielsweise Gemüsekohl (*Brassica oleracea*) nach Befall von *Plutella xylostella* und *Spodoptera littoralis* (*Z*)-3-Hexenyl und (*E,E*)-α-Farnesen, wogegen bei Pflanzen, welche nur von *P. xylostella* befallen werden, das Homoterpen (*E*)-4,8-Dimethyl-1,3,7-nonatrien emittieren (Vuorinen *et al.* 2004).

Insekten reagieren auf Blattvolatile

Insekten sind in der Lage, mittels verschiedener hochsensibler, olfaktorischer Rezeptorneuronen in ihren Antennen, eine weite Spanne von Blattvolatilen wahrzunehmen (Jönsson & Anderson 1999, Hansson *et al.* 2002).

Vor allem in der ersten Kontrolle unserer Untersuchung wurden große Mengen an β-Caryophyllen gefunden. Dieser Stoff ist eine reguläre Komponente der Blattvolatile vieler Pflanzenarten, auf welche die Antennen vieler Insekten reagieren (Fernandez *et al.* 2007, Jönsson & Anderson 1999, Flint *et al.* 1979). Schütz *et al.* (1997) konnten beispielsweise bei Kartoffelpflanzen Emissionen von β-Caryophyllen messen und mittels Verhaltenstests eine sehr signifikante Lockwirkung derselben auf den Kartoffelkäfer (*Leptinotarsa decemlineata*) nachweisen. Selbst unbeschädigte Pflanzen wiesen nach dem Einsprühen mit einer β-Caryophyllen Lösung eine höhere Attraktivität für den Kartoffelkäfer auf als beschädigte, unbehandelte Pflanzen. Dies war allerdings nur der Fall, solange die Lösung mit einem Faktor weniger als 10 verdünnt war. Schütz *et al.* (1997) wiesen β-Caryophyllen daher als Lockstoff auf kurze Distanz aus, wogegen 2-Benzenethanol, welches noch 1000-fach verdünnt eine signifikante Lockwirkung aufwies, als Lockstoff auf lange Distanz ausgewiesen wurde. Auf β-Myrcen konnten Schütz *et al.* (1997) ebenfalls eine deutliche Lockwirkung auf *L. decemlineata* bei geringen Konzentrationen nachweisen.

Die Studie von Jönsson & Anderson (1999) ermittelte bei den Antennen weiblicher Vertreter von *Spodoptera littoralis* eine große Anzahl an Rezeptorneuronen, die auf β-Caryophyllen und α-Humulen, emittiert von *Gossypium hirsutum,* reagierten. Darüber hinaus fand die Studie bei den Insekten Rezeptorneuronen, welche speziell auf nur geringe Mengen von durch Herbivoren induzierte Volatile ((+/-)-Linalool und Indol) reagierten. Zusätzlich wurden

Neuronen gefunden, welche auf Volatile reagierten, die allgemein mit Pflanzenbeschädigung in Verbindung stehen. Andere Neuronen wiederum reagierten auf nicht induzierte Volatile. Die Studie zeigte somit, dass zumindest die Weibchen von *S. littoralis* vermutlich zwischen unbeschädigten und beschädigten Pflanzen unterscheiden können.

Die Studie von Brilli *et al.* (2009) verifizierte bei *Populus x euroamericana* (*E*)-β-Ocimen neben Linalool als Hauptkomponente der durch *C.populi* induzierten Monoterpene. Mithilfe von Verhaltenstests zeigte sie, dass (*E*)-β-Ocimen und Linalool junge Imagines von *C.populi* anlocken. Blande *et al.* (2007) ermittelten *trans*-β-Ocimen und (*E*)-4,8-dimethyl-1,3,7-Nonatrien bei *Populus tremula x tremuloides* induziert durch *Phyllobius piri* und *Epirrita autumnata*. De Moraes *et al.* (1998) fanden u.a. Linalool und (*E*)-β-Ocimen bei Tabak-, Baumwoll- und Maispflanzen, welche zuvor von ihren jeweiligen Herbivoren *Heliothis virescens* und *Helicoverpa zea* angefressen wurden. Die emittierten Volatile lockten ihrerseits den Predator *Cardiochiles nigriceps* an. Demzufolge reagieren auch Predatoren auf bestimmte Volatilemissionen. Turlings & Tumlinson (1992) ermittelten zum Beispiel erhöhte Emissionen einiger Terpene (u.a. Linalool) bei Mais (*Zea mays* L.) als Folge von Herbivorenfraß (*Spodoptera exigua*). Nach 5-6 Stunden konnte eine signifikant erhöhte Attraktivität der beschädigten Pflanzen für parasitäre Wespen (*Cotesia marginiventris*) beobachtet werden, welche ihrerseits die Herbivoren befielen. Durch das Emittieren der Volatilkomponenten *cis*-3-Hexen-1-ol, Linalool und *cis*-α-Bergamoten lockt auch *Nicotiana attenuata* Predatoren an, welche die Eier von Herbivoren fressen und auf diese Weise die Anzahl der Herbivoren um 90 % verringert (Kessler & Baldwin, 2001).

Die unter kontrollierten Bedingungen erzeugten Ergebnisdaten weisen im Gegensatz zu denen aus den Freilandflächen ein sehr homogenes Bild auf

Biotische und abiotische Stressbedingungen (z.B.: Lichtstress, Trockenstress, mechanischer Schaden durch Wind oder Herbivoren) haben großen Einfluss auf die Emission von Volatilen. Besonders Licht- und Trockenstress erhöhen die Abgabe von Volatilen (Vickers *et al.* 2009). Hitzestress führt zu einer Abnahme der Photosyntheserate (Sharkey *et al.* 2001, Penuelas *et al.* 2005). Isopren und Monoterpene unterstützen hierbei die Aufrechterhaltung des Photosyntheseapparates (Schnitzler *et al.* 2009). Vickers *et al.* (2009) weisen zudem besonders auf die chemischen Eigenschaften von Isopren und Isoprenoiden, welche den antioxidativen Aktivitäten bei oxidativem Stress dienlich sind, hin. In der vorliegenden Untersuchung zeigt die Statistik eine große Heterogenität der Volatilchromatogramme aus dem Freiland, wohingegen sich bei denen aus der Klimakammer eine große Homogenität zeigte. Dies liegt vermutlich an der im Freiland vorliegenden, weiten und nicht kontrollierbaren Spanne von biotischen und abiotischen Einflussfaktoren. So betrug beispielsweise die Temperatur im Freiland im Zeitraum der Messungen über 35°C während sie in der Klimakammer stets 25°C betrug. Auch war es auf der Fläche BERTA II relativ trocken. In Reiffenhausen konnte andererseits eine große Anzahl von Herbivoren gefunden werden. Diese Varietät von Einflussfaktoren führte vermutlich zu der starken Heterogenität der Messergebnisse aus den Freilandflächen. Auf diesen wurden unter anderem die Monoterpene α- und β-Pinen gefunden. Blande *et al.* (2007) wiesen verstärkte Emissionen dieser Monoterpene bei erhöhten Dosen von Ozon nach. Emissionen von Mono-, Homo- und Sesquiterpenen können auch Behnke *et al.* (2009) zufolge durch akuten Ozonstress induziert werden. Auch der CO_2-Gehalt in der Luft wirkt sich auf Monoterpenemissionen aus (Vuorinen *et al.* 2004).

Methyljasmonat und Jasmonsäure induzieren die Akkumulation von Terpenen

Jasmonate sind ubiquitär auftretende, fett-basierende Komponenten mit Signalfunktionen, welche eine Reaktion der Pflanze auf eine Vielzahl biotischer (Bakterien, Pilze, Mykorrhiza, Herbivoren und Carnivoren, etc) und abiotischer Einflussfaktoren (niedrige Temperaturen, Frost, Hitze, starke Lichtverhältnisse, UV-Licht, Dunkelheit, oxidativer Stress, Wind, Salzstress, Wasserstress, etc.) bewirken. Sie werden aus α-Linolensäure in vielen Pflanzenarten synthetisiert (Vick & Zimmermann 1984, Wasternack 2007). Durch Verwundung der Blätter werden Enzyme wie Allenoxidcyclase (AOC) aktiviert, welche ihrerseits die Synthese von Jasmonsäure in Gang setzen (Hause *et al.* 2003, Wasternack *et al.* 2006). Die Behandlung von Blättern mit Jasmonsäure oder Jasmonsäuremethylester (JAME) führt zu veränderten Proteinmustern, sogenannten jasmonat-induzierten Proteinen (JIPs), und zu einem Abbau von Haushaltsproteinen wie Ribulose-1,5-bisphosphat-carboxylase/-oxygenase (RuBisCO) (Weidhase *et al.* 1987a,b). Besonders hervorzuheben ist die Signalübertragung innerhalb der Pflanze durch Jasmonate, ausgelöst durch äußerlich herbeigeführte Verletzungen. Dies wurde anfangs hauptsächlich an Tomatenpflanzen untersucht, wobei ein Proteinhemmer (PIN2) gefunden wurde, welcher sich durch Verletzungen oder durch eine Behandlung mit JAME ansammelte (Farmer & Ryan 1990). Wasternack (2007) fasst zusammen, dass Jasmonsäure sich wie ein systemisches Signal verhält, welches eine systemische Expression von Genen auslöst, welche wiederum Proteinasehemmer (PINs) und andere Laubkomponenten mit negativen Auswirkungen auf die

Herbivorenaktivität entstehen lassen. Dadurch wird die Abwehr der Pflanze gegen weitere Angriffe verstärkt.

Vergangene Studien zeigen, dass durch Behandlungen mit Jasmonsäure und Methyljasmonat eine erhöhte Abgabe von Terpenen induziert wird (Filella *et al.* 2005, Martin *et al.* 2003). Insbesondere bei Laubbäumen konnten solche Reaktionen auf diese Behandlungen beobachtet werden (Arimura *et al.* 2004, Gomez *et al.* 2005, Schnee *et al.* 2002).

Da im Rahmen dieses Versuchsaufbaus die Behandlung mit Insekten in der Klimakammer nicht erfolgreich war, wurde alternativ auf Behandlungen mit Methyljasmonat und Jasmonsäure zurückgegriffen. Es konnte eine erhöhte Abgabe bei einigen wenigen Monoterpenen, wie beispielsweise β-Mycren (P = 0,072) oder Camphor (P = 0,003) und eine verringerte Abgabe einiger Sesquiterpene, zum Beispiel (+-)-Cuparen (P = 0,004), nach den Behandlungen ermittelt werden. Einige Sesquitepene, wie zum Beispiel (*E,E*)-α-Farnesen konnten allerdings erst nach den Behandlungen wieder ermittelt werden. In ihrer Gesamtheit unterscheiden sich die Peakflächen der Sesquiterpene der jeweiligen Behandlung nicht signifikant von der Kontrolle. Bei den Monoterpenen unterscheidet sich nur die Jasmonsäurebehandlung signifikant von der Kontrolle. Insgesamt konnten, aufgrund des vorangeschrittenen Alters der Blätter, nur geringe Emissionen ermittelt werden. Martin *et al.* (2003) zeigten zudem, dass das Maximum der Terpenakkumulation nach Behandlung mit Methyljasmonat bei der Norwegischen Fichte erst nach 15 Tagen erreicht war. Dies lässt darauf schließen, dass unter Umständen längere Zeiträume als 24 Stunden nötig sind, bis sich die Effekte einer entsprechenden Behandlung in vollem Umfang entfalten.

Erfahrene Imagines von Chrysomela verhalten sich anders als Unerfahrene

Die Untersuchung zeigte, dass die in der Klimakammer sehr schnell herangereiften Blätter keinerlei Fraßschäden durch die angesetzten Käfer davon trugen. Lediglich die wenigen frischen Blätter an den Astspitzen wurden angefressen. Es wird vermutet, dass die Blätter durch den hohen UV-Anteil der Tageslichtlampen zu schnell zu hart wurden. Brilli *et al.* (2009) und Harrell *et al.* (1981) wiesen außerdem in Verhaltenstests nach, dass erfahrene Insekten jüngere Blätter bevorzugen, wohingegen unerfahrene Insekten eher von ausgewachsenen Blättern fressen. Brilli *et al.* (2009) spekuliert, dass die Pflanze bei Herbivorenbefall Monoterpenemissionen in älteren Blättern aktiviert um die Herbivoren dorthin zu locken und somit junge Blätter möglichst vor ihnen zu tarnen und die Angreifer zu schwächen, da ältere Blätter viel weniger phenolische Glycoside enthalten (Bingaman & Hart

1993) als jüngere, welche von den Larven von Chrysomela-Arten zur Synthese des Feindabwehrstoffes Salicylaldehyd benötigt werden (Brückmann *et al.* 2002).

Da im Rahmen der vorliegenden Untersuchung Käfer gefangen wurden, die im Freiland bereits an Blättern gefressen hatten, könnte es, zusätzlich zu den schnell verhärteten Blättern, sein, dass sich die Imagines aufgrund ihres erfahrungsspezifischen Verhaltens nicht viel aus den stark gealterten Blättern in der Klimakammer machten.

Auch andere Vertreter der Blattkäfer (Chrysomelidae) zeigen eine Präferenz für jüngere Blätter. So weisen beispielsweise die weiblichen Imagines und Larven von *Chrysolina aurichalcea* eine höhere Überlebenswahrscheinlichkeit, eine größere Fruchtbarkeit und ein schnelleres Wachstum auf, wenn sie sich von jüngeren Blättern ihrer Wirtspflanze *Artemisia princeps* ernähren (Hayashi *et al.* 1996).

Beschädigte Weidenblätter emittieren deutlich mehr VOCs als Unbeschädigte

Peacock *et al.* (2001) ermittelte bei unbeschädigten Weidenblättern lediglich drei verschiedene wesentliche Volatilkomponente ((*Z*)-3-Hexenylacetat, (*Z*)-3-Hexenol und Benzaldehyd). Beschädigte Blätter emittierten qualitativ und quantitativ signifikant mehr Volatilkomponente. Die Antennen von *Spodoptera littoralis* reagieren auf (*Z*)-3-Hexenylacetat und (*Z*)-3-Hexenol (Jönsson & Anderson 1999).

In der Tordis-Kontrollreihe konnte sowohl *Z*-3-Hexenylacetat als auch Benzaldehyd gefunden werden. Insgesamt konnten im Vergleich zur ersten Pappelkontrolle nur wenig Volatilemissionen gemessen werden. Eine weitere Untersuchung der Weiden erfolgte nicht, da die Pflanzen kränkelten.

Schlussfolgerungen

Zusammengefasst kann gesagt werden, dass diese Untersuchung eine weitere Bestätigung dafür ist, dass Pflanzen auf Stress durch Herbivoren durch die Emission von Volatilen reagieren. Insbesondere die Emissionen von Monoterpenen stiegen nach entsprechender Behandlung mit Jasmonsäure und Methyljasmonat signifikant an. Im Freiland konnten gerade dort wesentlich höhere Monoterpenemissionen gemessen werden, wo gleichzeitig sehr viele Herbivoren gesammelt werden konnten. Die Untersuchung hat bestätigt, dass besonders (*E*)-β-Ocimen ein durch Herbivoren induziertes und, mit Verweis auf die aufgeführte Literatur, ein von Insekten wahrnehmbares Monoterpen der Pappeln ist. Ferner konnte bei den Sesquiterpenen besonders β-Caryophyllen in großen Mengen ermittelt werden, welches auf kurze Distanz ein besonders starker Lockstoff für *Chrysomela populi* ist. Eine weitere wichtige Erkenntnis ist die hohe Varianz der Stichproben im Freiland, wogegen die Stichproben unter kontrollierten Bedingungen relativ homogen waren. Dies zeigt, dass sich unter kontrollierten Bedingungen statistisch wesentlich repräsentativere Resultate gewinnen lassen. In der Klimakammer ließ sich dennoch leider keine erfolgreiche Behandlung mit Herbivoren durchführen. Ob dies an der, durch den hohen UV-Anteil der Tageslichtlampen induzierten, raschen Verhärtung der Blätter lag, oder am Fressverhalten erfahrener Insekten lässt sich anhand dieser Untersuchung nicht genau beantworten. Veränderte Lichtbedingungen bei den Pflanzen und Verhaltenstests bei den Käfern sollten bei künftigen Versuchen mehr Klarheit darüber schaffen.

Literatur

Agrawal A.A., Janssen A., Bruin J., Posthumus M.A., Sabelis M.W. (2002): An ecological cost of plant defence: attractiveness of bitter cucumber plants to natural enemies of herbivores. *Ecology Letters* **5**, 377-385.

Alborn H.T., Turlings T.C.J., Jones T.H., Stenhagen G., Loughrin J.H., Tumlinson J.H. (1997): An elicitor of plant volatiles from beet armyworm oral secretion. *Science* **276**, 945-949.

Arimura G., Huber D.P.W., Bohlmann J. (2004): Forest tent caterpillars (*Malacosoma disstria*) induce local and systemic diurnal emissions of terpenoid volatiles in hybrid poplar (*Populus trichocarpa x deltoids*): cDNA cloning, functional characterization, and patterns of gene expression of (-)-germacrene D synthase, PtdTPS1. *The Plant Journal* **37**, 603-616.

Arimura G., Kost C., Boland W. (2005): Herbivore-induced, indirect plant defences. *Biochimica et Biophysica Acta* **1734**, 91-111.

Augustin S., Courtin C., Delplangue A. (2009): Preferences of *Chrysomela populi* L. and *Chrysomela tremulae* F. (Col., Chrysomelidae) for Leuce section poplar clones. *Journal of Applied Entomology* **115**, 370-378.

Barney J.N., Hay A.G., Weston L.A. (2005): Isolation and Characterization of Allelophatic Volatiles from Mugwort. *Journal of Chemical Ecology* **Vol. 31, No. 2.**

Behnke K., Kleist E., Uerlings R., Wildt J., Rennenberg H., Schnitzler J.P. (2009): RNAi mediated suppression of isoprene biosynthesis impacts ozone tolerance. *Tree Physiology* **29**, 725-736.

Bingaman E.A., Hart E.R. (1993) Clonal leaf age variation in Populus phenolic glycosides: implications for host selection by *Chrysomela scripta* (Caleoptera: Chrysomelidae). *Environmental Entomology* **22**, 397-403.

Blande J.D., Tilva P., Oksanen E., Holopainen J.K. (2007): Emission of herbivore-induced volatile terpenoids from two hybrid aspen (*Populus tremula x tremuloides*) clones under ambient and elevated ozone concentrations in the field. *Global Change Biology* **13**, 2538-2550.

Boland W., Feng Z., Donath J., Gäbler A. (1992): Are acyclic C_{11} and C_{16} homoterpenes plant volatiles indicating herbivory? *Naturwissenschaften* **79**, 368-371.

Brilli F., Ciccioli P., Frattoni M., Prestininzi M., Spanedda A.F., Loreto F. (2009): Constitutive and herbivore-induced monoterpenes emitted by *Populus x euroamericana* leaves are key volatiles that orient *Chrysomela populi* beetles. *Plant, Cell and Environment* **32**, 542-552.

Brückmann M., Termonia A., Pasteels J.M., Hartmann T. (2002): Characterization of an extracellular salicyl alcohol oxidase from larval defensive secretions of *Chrysomela populi* and *Phratora vitellinae* (Chrysomelina). *Insect Biochemistry and Molecular Biology* **32**, 1517-1523.

Crankshaw D.R., Langenheim J.H. (1981): Variation in Terpenes and Phenolics through Leaf Development in Hymenaea and ist Possible Significance to Herbivory. *Biochemical Systematics and Ecology* **Vol. 9, No. 2/3**, 115-124.

De Moraes C.M., Lewis W.J., Paré P.W., Alborn H.T., Tumlinson J.H. (1998): Herbivore-infested plants selectively attract parasitoids. *Letters to Nature.*

Dicke M., van Beek T.A., Ben Dom N., Van Bokhoven H., De Groot A.E., (1990): Isolation and identification of a volatile kairomone that effects acarine predator-prey interactions: involvement of host plant in its production. *Journal of Chemical Ecology* **16**, 381-396.

Dicke M., Agrawal A.A., Bruin J. (2003): Plants talk, but are they deaf? *Trends in Science, Volume* **8**, *Issue* **9**, 403-405.

Farmer E.E., Ryan C.A. (1990): Interplant communication: airborne methyl jasmonate induces synthesis of proteinase to proteinase inhibitors in plant leaves. *Proceedings of the National Academy of Sciences of the USA* **87**, 7713-7716.

Fernandez P.C., Meiners T., Björkman C., Hilker M. (2007): Electrophysical responses of the blue willow leaf beetle *Phratora vulgatissima*, to volatiles of different *salix viminalis* genotypes. *Entomologia Experimentalis et Applicata* **125**, 157-164.

Filella I., Penuelas J., Llusia J. (2005): Dynamics of the enhanced emissions of monoterpenes and methyl salicylate, and decreased uptake of formaldehyde, by *Quercus ilex* leaves after application of jasmonic acid. *New Phytologist* **169**, 135-144.

Flint H.M., Salter S.S., Walters S. (1979): Caryophyllene: an Attractant fort he Green Lacewing. *Environmental Ecology* **6**, 1123-1125(3).

Frost C.J., Mescher M.C., Dervinis C., Davis J.M., Carlson J.E., De Moreas C.M. (2008): Priming defense genes and metabolites in hybrid poplar by the green leaf volatile *cis*-3-hexenyl acetate. *New Phytologist* **180**, 722-734.

Gomez SK., Cox M.M., Bede J.C., Inoue K., Alborn H.T., Tumlinson J.H., Korth K.L., (2005): Ledpidopteran herbivory and oral factors induce transcripts encoding novel terpene synthases in Medicula trancatula. *Arch Insect Biochem Physiol* **58**, 114-127.

Hall G.D., Langenheim J.H. (1986): Temporal Changes in the Leaf Monoterpenes of *Sequoia sempervirens*. *Biochemical Systematics and Ecology* **Vol. 14, No. 1**, 61-69.

Hansson B.S., Larsson M.C., Leal W.S. (2002): Green leaf volatile-detecting olfactory receptor neurones display very high sensitive and specificity in a scarab beetle. *Physiological Entomology* **Vol. 24, Issue 2**, 121-126.

Harrell M.O., Benjamin D.M., Berbee J.G., Burkot T.R. (1981): Evaluation of adult cottonwood leaf beetle, *Chrysomela scripta* (Caleoptera: Chrysomelidae), feeding preference for hybrid poplar. *Great Lakes Entomology* **14**, 181-184.

Hause B., Hause G., Kutter C., Miersch O., Wasternack C. (2003): Enzymes of jasmonate biosynthesis occur in tomato sieve elements. *Plants & Cell Physiology* **44**, 643-648.

Hayashi Y., Fujiyama S., Suekuni J. (1996): Life-Cycle Synchronization in *Chrysolina aurichalcea* (Coleoptera: Chrysomelidae) to Ist Host *Artemisia princeps*: Effects of Host-Leaf Age on Survival. *Appl. Entomol. Zool.* **29**(2), 149-155.

Jönsson M., Anderson P. (1999): Electrophysiological response to herbivore-induced host plant volatiles in the moth *Spodoptera littoralis*. *Physiological Entomology* **24**, 377-385.

Kesseler A. & Baldwin I.T. (2001): Defensive function of herbivore-induced plant volatile emissions in nature. *Science* **291**, 2141-2144.

Kobold U., Vostrowsky O., Bestmann H.J., Kubeczka K.H. (1987): Strukturaufklärung von $C_{10}H_{14}$-Dehydroterpenen durch Reaktionsgaschromatographie. Nachweis neuer Terpenkomponenten in etherischen Ölen. *Liebigs Annalen der Chemie* **Vol. 1987, Issue 6**, 557-559.

Leitner M., Boland W., Mithöfer A. (2005): Direct and indirect defences induced by piercing-sucking and chewing herbivores in *Medicago truncatulata*. *New Phytologist* **Vol. 167, Issue 2**, 597-606.

Loivamäki M., Mumm R., Dicke M. & Schnitzler J.P. (2008) Isoprene interferes with the attraction of bodyguards by herbaceous plants. *Proceedings of the National Academy of Sciences of the United States of America* **105**, 17430-17435.

Luong N.X., Hac L.V., Dung N.X. (2003): Chemical composition of leaf oil of *Zanthoxylum alatum* Roxb. From Vietnam. *Journal of Essential Oil Bearing Plants* **Vol. 6, Issue 3**, 179-184.

Martin D.M., Gershenzon J., Bohlmann J. (2003): Induction of Volatile Terpene Biosynthesis and Diurnal Emission by Methyl Jasmonate in Foliage Norway Spruce. *Plant Physiology* **132**, 1586-1599.

Mattiacci L., Dicke M. Posthumus M.A., β-Glucosidase: an elicitor of herbivore-induced plant odor that attracts host-searching parasitic wasps. *Proc. Natl. Acad. Sci. U. S. A.* **92**. 2036-2040.

35

Merk L., Kloos M., Schönwitz R., Ziegler H. (1988): Influence of various factors on quantitative composition of leaf monoterpenes of *Picea abies* (L.) Karst. *Trees* **2**, 45-51.

Mihaliak C.A., Lincoln D.E. (1989): Changes in Leaf Mono- and Sesquiterpene Metabolism with Nitrate Availability and Leaf Age in *Heterotheca subaxillaris*. *Journal of Chemical Ecology* **Vol 15, Issue 5**, 1579-1588

Peacock L., Lewis M., Powers S. (2001): Volatile compounds from Salix spp. Varieties differing in susceptibility to three willow beetle species. *Journal of Chemical Ecology* **27**, 1943-1951.

Penuelas J., Llusià J., Asenio D., Munné-Bosch S. (2005): Linking isoprene with plant thermotolerance, antioxidants and monoterpene emissions. *Plant, Cell and Environment* **28**, 278-286..

Röse U.S.R., Manukian A., Heath R.R., Tumlinson J.H. (1996): Volatile semiochemicals released from undamaged cotton leaves. *Plant Physiology* **111**, 487-495.

Schnee C., Kollner T.G., Gershenzon J., Degenhardt J. (2002): The maize gene terpene synthase 1 encodes a sesquiterpene synthase catalyzing the formation of (E)-beta-farnesene, (E)-nerolidol and (E,E)-farnesol after herbivore damage. *Plant Physiol* **130**, 2049-2060.

Schnitzler J.P., Louis S., Behnke K., Loivamäki M. (2009): Poplar volatiles – biosynthesis, regulation and (eco)physiology of isoprene and stress-induced isoprenoids. *Plant Biology* **12**, 302-316.

Schütz S., Weißbecker B., Klein A., Hummel H.E. (1997): Host Plant Selection of Colorado Potato Beetle as Influence by Damage Induced Volatiles of the Potato Plant. *Naturwissenschaften* **84**, 212-217.

Scutareanu P., Drukker B., Bruin J., Posthumus M.A., Sabelis M.W. (1997): Volatiles from *Psylla*-Infested Pear Trees and Their Possible Involvement in Attraction of Anthorocid Predators. *Journal of Chemical Ecology* **Vol. 23, Issue 10**, 2241-2260.

Scutareanu P., Bruin J., Posthumus M.A., Drukker B. (2003): Constitutive and herbivore-induced volatiles in pear, alder and hawthorn trees. *Chemoecology* **13**, 63-74.

Sharkey T.D., Chen X., Yeh S. (2001): Isoprene increases thermotolerance of fosmidomycin-fed leaves. *Plant Physiology* **125**, 2001-2006.

Sharkey T.D., Wiberley A.E., Donohue A.R., (2008): Isoprene emission from plants: why and how. *Annals of Botany*, **101**, 5-18.

Shen B., Zheng Z., Dooner H.K (2002): A maize sesquiterpene cyclase gene induced by insect herbivory and volicitin: characterization of wilde-type and mutant alleles. *Proc Natl Acad Sci USA* **97**, 14807-14812.

Takabayashi J., Dicke M., Posthumus M.A. (1991): Induction of indirect defense against spider-mites in uninfested lima bean leaves. *Phytochemistry* **30**, 1459-1462.

Takabayashi J., Dicke M., Takahashi S., Van Beek T.A. (1994): Leaf age affects Composition of herbivore-induced synomones and attraction of predatory mites. *Journal of Chemical Ecology* **20**, 373-386.

Tholl D., Boland W., Hansel A., Loreto F., Röse U.S.R., Schnitzler J.-P. (2006): Practical approaches to plant volatile analysis. *The Plant Journal* **45**, 540-560.

Turlings T.C.J., Tumlinson J.H. (1992): Systemic release of chemical signals by herbivore-injured corn. *Proc. Natl. Acad. Sci* USA, **Vol. 89**, 8399-8402.

Van Den Dool H., Kratz P. (1963): A generalization of the retention index system including linear temperature programmed gas-liquid partition chromatography. *Journal of Chromatography A* **Vol. 11**, 463-471.

Vick B.A., Zimmermann D.C. (1984): Biosynthesis of jasmonic acid by several plant species. *Plant Physiology* **75**, 458-461.

Vickers C.E., Gershenzon J., Lerdau M.T., Loreto F. (2009): A unified mechanism of action for volatile isoprenoids in plant abiotic stress. *Nature Chemical Biology* **5**, 283-291.

Visser J.H. (1986): Host odor perception in phytophagous insects. *Annual Review of Entomology* **31**, 121-144.

Vuorinen T., Reddy G.V.P., Nerg A-M., Holopainen J.K. (2004): Monoterpene and herbivore-induced emissions from cabbage plants grown at elevated atmospheric CO_2 concentration. *Atmospheric Environment* **38**, 675-682.

Weidhase R.A., Lehmann J, Kramell H., Sembdner G., Parthier B. (1987a): Degradation of ribulose-1,5-biphosphate carboxylase and chlorophyll in senescing barley leaf segments triggered by jasmonic acid methyl ester, and counteraction by cytokinin. *Physiologia Plantarum* **69**, 161-166.

Weidhase R.A., Kramell H., Lehmann J., Liebisch H.W., Lerbs W., Parthier B. (1987b): Methyl jasmonate-induced changes in the polypeptid pattern of senescing barley leaf segments. *Plant Science* **51**, 177-186.

Wasternack C., Stenzel I., Hause B., Hause G., Kutter C., Maucher H. (2006): The wound response in tomato – role of jasmonic acid. *Journal of Plant Physiology* **163**, 297-306.

Wasternack C. (2007): Jasmonates: An Update on Biosynthesis, Signal Transduction and Action in Plant Stress Response, Growth and Developement. *Annals of Botany* **100**, 681-697.

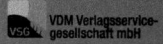

Printed by Books on Demand GmbH, Norderstedt / Germany